Cómo probar una hipótesis

DR. JOSÉ SUPO

Médico Bioestadístico

www.bioestadistico.com

Cómo probar una hipótesis – El ritual de la significancia estadística

Primera edición: Enero del 2014

Editado e Impreso por BIOESTADISTICO EIRL
Av. Los Alpes 818. Jorge Chávez, Paucarpata, Arequipa, Perú.

Hecho el depósito legal en la Biblioteca Nacional del Perú.

N ° 2014-00207

ISBN: 1494305925
ISBN-13: 978-1494305925

DEDICATORIA

A los investigadores, que aportan al conocimiento y a la construcción del método investigativo…

A los que pretenden con la ciencia mejorar el mundo.

CONTENIDO

Plantear el sistema de hipótesis

Primera parte

En el presente libro desarrollaremos una secuencia de pasos que debes seguir cada vez que quieras poner a prueba una hipótesis. Las hipótesis las encontraremos en el marco del desarrollo de un trabajo de investigación, pero no todos los trabajos de investigación la tienen. Por lo tanto, lo primero que tenemos que decidir es si nuestro trabajo llevará una hipótesis o no.

¿Cómo podemos identificar si nuestro estudio realmente cuenta con una hipótesis? Esto es muy sencillo: solo tenemos que analizar su enunciado.

El enunciado del estudio se relaciona con la presencia o ausencia de la hipótesis: si el enunciado es una proposición, nuestro trabajo llevará una hipótesis; pero, si no lo es, no la llevará.

Pero ¿qué es una proposición? Una proposición es una oración portadora de valor de verdad. Recuerda que en la Lógica Proposicional los valores de verdad son verdadero o falso. Si tu enunciado puede ser calificado como verdadero o falso, se trata de una proposición y, por lo tanto, llevará hipótesis; pero si tu enunciado no puede ser calificado como verdadero o falso, en consecuencia, no se trata de una proposición y no llevará hipótesis.

Esta distinción nada tiene que ver con los niveles de la investigación, ni mucho menos con los tipos de investigación. La presencia o ausencia de hipótesis está relacionada al enunciado.

Se han extendido, con mucho entusiasmo, voces que afirman que los estudios descriptivos no llevan hipótesis, mientras que los estudios relacionales sí la llevan; esta afirmación es completamente falsa, ya que la presencia o ausencia de hipótesis no está relacionada al tipo de estudio ni a nivel investigativo, sino al enunciado del estudio.

Para demostrar esta última afirmación vamos a plantear un estudio descriptivo con hipótesis: La prevalencia de diabetes en la ciudad de Arequipa es menor del 10%. Esta afirmación, que corresponde a un estudio de nivel descriptivo, podría ser verdadera o falsa, es decir, que puede ser calificada con los valores de verdad de verdadero o falso.

Esto significa que mi afirmación es una proposición y que el enunciado, aun correspondiendo a un nivel descriptivo, cuenta con una hipótesis.

Ahora plantearemos un estudio de nivel relacional que no cuente con hipótesis: Cuantificación de los factores de riesgo para la enfermedad de la diabetes.

Los factores de riesgo para la diabetes ya están reconocidos y son el sobrepeso, el consumo de alcohol, el sedentarismo, etc. Pero, en este estudio no nos interesa identificar cuáles son los factores de riesgo, sino cuantificarlos.

En otras palabras, fumar puede incrementar la probabilidad de enfermar de diabetes, pero la pregunta es ¿en cuánto?, será ¿dos veces más? Quizás, ¿tres veces más? O ¿diez veces más? El consumo de alcohol también incrementa la probabilidad de enfermar de diabetes, la pregunta es ¿en cuánto? Será ¿dos veces más? ¿Tres veces más? Quizás, ¿diez veces más?

Esa es la pregunta que nos estamos haciendo, entonces, el estudio de la cuantificación, y no de la determinación, de los factores de riesgo para la diabetes es claramente un estudio relacional, su análisis estadístico será bivariado, porque hay que cuantificar la magnitud del riesgo.

Se trata de un estudio que no cuenta con hipótesis, porque su enunciado no es una proposición, no puede ser calificado como verdadero o falso. Observemos el enunciado: Cuantificación de los factores de riesgo para la diabetes. Este no puede ser calificado como verdadero ni como falso, lo que sí ocurría en nuestro ejemplo del estudio de nivel descriptivo, donde afirmábamos que la prevalencia de diabetes en la ciudad de Arequipa es menor del 10%.

Con estos dos ejemplos queremos descartar el mito de que la presencia o la ausencia de hipótesis está relacionada al nivel investigativo porque, como hemos visto, los estudios que cuentan con hipótesis son aquellos cuyo enunciado es una proposición, y si el enunciado no es una proposición, entonces, el estudio no tendrá hipótesis.

Ahora que ya puedes identificar a los estudios que sí tienen hipótesis y diferenciarlos de aquéllos que no la tienen, vamos a abordar la prueba de la hipótesis.

Los procedimientos para llevar a cabo la prueba de hipótesis, conocida también como el ritual de la significancia estadística, son cinco y fueron planteados por Fisher; por supuesto, vamos a actualizar los conceptos que él nos emitió hace más de 50 años y son:

- Primero: plantear el sistema de hipótesis
- Segundo: establecer el nivel de significancia
- Tercero: elegir del estadístico de prueba
- Cuarto: dar lectura al p-valor calculado
- Quinto: tomar una decisión estadística

En esta primera parte vamos a hablar de la formulación de hipótesis. La hipótesis, desde el punto de vista matemático, tiene dos versiones: la primera, la hipótesis nula, que se denota con la letra H mayúscula y el número cero, H_0, se lee "H sub cero"; y la segunda, la hipótesis alterna, que se denota por la letra H mayúscula y el número uno, H_1, se lee "H sub uno".

Para formular adecuadamente la hipótesis vamos a realizar un artificio: lo primero que vamos a escribir es la hipótesis alterna, porque esta corresponde a la hipótesis del investigador, es el planteamiento del investigador. Veamos el siguiente ejemplo: vamos a plantear que la obesidad es un factor de riesgo para la diabetes.

Ejecutamos este estudio porque pensamos que la obesidad es un factor de riesgo para la diabetes. En el caso de que no pensáramos que la obesidad es un factor de riesgo para la diabetes, no ejecutaríamos el estudio; por esta razón, a la afirmación del planteamiento: la obesidad es un factor de riesgo para la diabetes, la denominamos hipótesis alterna o hipótesis del investigador.

Esto es precisamente lo que tenemos que escribir en H_1; por lo tanto, H_0 será la negación de la hipótesis alterna, y dirá que la obesidad no es un factor de riesgo para la diabetes.

La hipótesis nula siempre está en contraposición a la hipótesis alterna o hipótesis del investigador, y tanto la hipótesis nula como la hipótesis alterna, desde el punto de vista matemático, corresponden a los valores de verdad de la proposición que llamamos enunciado; si el enunciado dice que la obesidad es un factor de riesgo para la diabetes, la afirmación de este enunciado es la hipótesis alterna; y la negación, la hipótesis nula.

Después de realizar todo el procedimiento del ritual de la significancia estadística tendremos que decidir con cuál de estas dos hipótesis nos vamos a quedar, para poder plantear sin ningún tipo de error, el sistema de hipótesis compuesto por H_0 y H_1.

El truco consiste en plantear primero la hipótesis H_1 o hipótesis del investigador, porque precisamente traduce el propósito del estudio.

Plantear el sistema de hipótesis

Segunda parte

Si el objetivo del estudio es la comparación, entonces, la hipótesis alterna declara las diferencias; H_1 nos indica que los dos grupos son diferentes; la hipótesis nula, oponiéndose a la hipótesis alterna, nos dirá que los grupos comparados no son diferentes; este es quizás el sistema de hipótesis más difundido, donde H_1 denota las diferencias y H_0 denota las igualdades.

Ahora quiero que me acompañes con la siguiente sentencia: H_1 denota diferencias y H_0 denota igualdades siempre, no importa qué es lo que estemos tratando de demostrar.

Por otro lado, si el objetivo del estudio es la asociación: la hipótesis alterna nos dirá que existe tal asociación, mientras que la hipótesis nula nos dirá que tal asociación no existe. Si el objetivo del estudio es la correlación: la hipótesis alterna nos dirá que tal correlación es real o existente, mientras que la hipótesis nula nos dirá que no existe tal correlación.

Finalmente, si el objetivo de la investigación es la concordancia: la hipótesis alterna nos dirá que existe tal concordancia, mientras que la hipótesis nula nos indicará que tal concordancia no existe.

Con este ejercicio verbal queremos dejar en claro que la hipótesis alterna es la hipótesis del investigador, mientras que la hipótesis nula es la hipótesis de trabajo.

Ahora vamos a retornar al sistema de hipótesis más básico que existe, aquel que menciona que H_0 corresponde a las igualdades, mientras que H_1 corresponde a las diferencias, a esto se le denomina hipótesis bilateral, conocida también como dos colas.

Si un grupo denominado A es diferente de un grupo denominado B, esto podría ocurrir por dos circunstancias: porque el grupo A es mayor que el grupo B, o quizás el grupo A es menor que el grupo B; en cualquiera de las dos circunstancias el grupo A es diferente de B, por eso, se le denomina bilateral o a dos colas.

Sin embargo, no todos los sistemas de hipótesis son bilaterales o a dos colas, también existen los sistemas de hipótesis unilaterales, llamados también de una sola cola. En este caso, la hipótesis alterna indica desigualdad pero a favor de uno de los grupos, por ejemplo, A es mayor que B, por lo tanto, la hipótesis nula, que siempre se opone a la hipótesis alterna, dirá que A no es mayor que B.

La otra versión de la hipótesis unilateral será con la hipótesis alterna o H_1 que dirá que A es menor que B; en este caso, la hipótesis nula dirá que A no es menor que B.

Veamos un ejemplo real en cada uno de los casos planteados para las hipótesis unilaterales.

La hipótesis H_1, A es mayor que B, se puede traducir de la siguiente manera: Los niveles de glucosa en ayunas en los diabéticos son mayores que los niveles de glucosa en ayunas en los no diabéticos. Recuerda que siempre hay que mencionar primero al grupo de estudio y después al grupo comparativo o grupo control; por esta razón, nos referimos primero a los diabéticos y después a los no diabéticos.

Entonces, la hipótesis nula dirá: Los niveles de glucosa en ayunas en los diabéticos no son mayores que los niveles de glucosa en ayunas en los no diabéticos.

Ahora veamos un segundo ejemplo para la otra versión unilateral: Los niveles de hemoglobina en las gestantes son menores que los niveles hemoglobina en las no gestantes. La hipótesis nula, que siempre se opone a la hipótesis alterna, nos dirá: Los niveles de hemoglobina en las gestantes no son menores que los niveles de hemoglobina en las no gestantes; otra vez hay que tener en cuenta que primero se menciona al grupo de estudio y después al grupo comparativo o grupo control.

Queda claro que no siempre queremos demostrar diferencias entre el primer y el segundo grupo, entre el grupo A y el grupo B; a veces queremos demostrar que el grupo A es mayor que el grupo B, y en ocasiones queremos demostrar que el grupo A es menor que el grupo B.

En estos casos se dice que nuestro sistema de hipótesis es unilateral, mientras que en los casos donde solamente queremos saber si existen diferencias estamos hablando de una hipótesis bilateral.

En la secuencia natural de los trabajos que realizamos dentro de nuestra línea de investigación, primero se plantea la hipótesis bilateral, y una vez demostradas las diferencias entre los dos grupos queremos saber si uno de ellos es mayor o quizás menor que el grupo comparativo, y planteamos un siguiente estudio donde esta vez la hipótesis será unilateral, también planteamos hipótesis unilaterales cuando hacemos intervención sobre nuestro grupo de estudio.

Veamos un ejemplo donde A es mayor que B, pero A representa a la medida antes y B representa a la medida después: La presión arterial en un grupo de personas hipertensas está anormalmente elevada; si nosotros les suministramos un medicamento antihipertensivo, esperamos que en la segunda medida el valor medido de la presión arterial sea menor. Dicho de otro modo, la medida de la presión arterial antes del medicamento es mayor que la medida después del medicamento.

Ahora veamos un segundo ejemplo unilateral con la segunda versión, donde A es menor que B; A representa la medida antes y B representa la medida después: Los pacientes con anemia tienen los valores de hemoglobina anormalmente disminuidos; si nosotros les suministramos un suplemento de hierro, quizás estos valores se encuentren incrementados después de la terapia, de tal modo que los niveles de hemoglobina antes de la terapia son menores que los niveles de la hemoglobina después de la terapia.

Por supuesto, la hipótesis nula, que siempre se está oponiendo a la hipótesis alterna, nos dirá que los niveles de la hemoglobina antes de la terapia no son menores que los niveles de la hemoglobina después de la terapia.

Vemos que los sistemas de hipótesis unilaterales, llamados también de una sola cola, se nos pueden presentar con una frecuencia mayor de la que imaginamos.

A manera de regla general, diremos que las hipótesis relacionales o que se plantean en el nivel investigativo relacional son inicialmente a dos colas y se complementan con un siguiente estudio con hipótesis de una sola cola llamadas también unilaterales; mientras que las hipótesis que se plantean a nivel investigativo explicativo siempre son unilaterales porque son hipótesis que buscan dar respuesta a estudios de causa y efecto.

Por lo tanto, siempre estamos esperando un efecto deseado, como en el ejemplo del tratamiento de la hipertensión: estamos esperando una disminución de la presión arterial, esto es unilateral.

En nuestro ejemplo de la anemia y el suplemento de hierro que les suministramos a los pacientes estamos esperando un incremento de los niveles de hemoglobina, esto también es unilateral y ambos estudios son de causa y efecto, porque pertenecen al nivel investigativo explicativo.

Establecer el nivel de significancia

Primera parte

Después de haber realizado el planteamiento de hipótesis, el paso siguiente consiste en establecer un nivel de significancia. Recuerda que nos habíamos quedado con un sistema que cuenta con una hipótesis nula y una hipótesis alterna. La hipótesis alterna es la hipótesis del investigador; y la hipótesis nula, la hipótesis de trabajo.

El investigador desea quedarse con su proposición preliminar que corresponde a la hipótesis H_1, llamada también hipótesis alterna. Supongamos que el investigador decide quedarse con su hipótesis alterna sin realizar ningún tipo de procedimiento, ningún tipo de prueba ni de acción; entonces, puede estar en lo correcto y que la hipótesis alterna era realmente lo que estaba ocurriendo, pero podría equivocarse y que la hipótesis alterna, en realidad, no era la correcta.

En este caso, habría cometido un error. A este error se le denomina error tipo I, y puede ocurrir cada vez que afirmamos que nuestra hipótesis del investigador es la correcta.

El error oscila entre cero y uno, nunca es exactamente cero, tampoco es exactamente uno. Si fuera cero, nuestra proposición en todos los casos, sería verdadera; por lo tanto, no tendríamos que realizar ningún tipo de prueba de hipótesis. Y si el error fuera uno, eso quiere decir que, en todos los casos, nuestra proposición o afirmación es equivocada. Como estamos realizando una prueba de hipótesis quiere decir que el error estaría entre cero y uno, este error ocurre en todas las actividades humanas:

- Cuando rendimos un examen corremos el riesgo de salir desaprobados, el hecho de desaprobar corresponde al error tipo I.
- Cuando realizamos un procedimiento quirúrgico corremos el riesgo de que se produzca una complicación, por ejemplo, una infección de herida postoperatoria, esto también es el error tipo I.
- Cuando decidimos tomar un vuelo aéreo también existe el error y esto es si el vuelo aéreo termina en un accidente.

Si el error tipo I fuese cero en nuestro ejemplo del examen, sería que hemos aprobado absolutamente todos los exámenes, el 100%. Sabemos que esto no es así. Y si el error tipo I fuese igual a uno, implicaría que hemos desaprobado todos los exámenes. Esto tampoco es cierto.

Para nuestro ejemplo de la cirugía, un error tipo I igual a cero significaría que ninguna cirugía se complica con una infección o que la infección no existe como complicación en las cirugías. Sabemos que esto es irreal. Y un error tipo I igual a uno implicaría que todas las cirugías o todos los procedimientos quirúrgicos se complican con una infección. Esto tampoco es verdad.

En el caso de los vuelos aéreos, si el error tipo I fuese cero significa que todos los vuelos son seguros y no existe ninguna probabilidad de que ocurra un accidente, esto no es así; y si el error tipo I fuese igual a uno, significaría que todos los vuelos aéreos terminan en accidente, esto también es incorrecto. Por lo tanto, el error tipo I nunca es cero ni tampoco es uno, siempre oscila entre estos dos valores.

Por supuesto, esperamos que la magnitud del error tipo I sea lo más baja posible: esperamos que la probabilidad de desaprobar un examen sea lo más reducido posible; en el caso de procedimiento quirúrgico, también esperamos que las complicaciones por la infección de herida postoperatoria se presente con la menor frecuencia posible; y del mismo modo, y con mayor razón, esperamos que los vuelos aéreos tengan accidentes con una frecuencia muy escasa.

Pero, claro está, cuando hablamos de que la magnitud del error sea lo menor posible tenemos que definir de cuánto estamos hablando. ¿Cuándo decimos que la magnitud del error tiene un nivel muy bajo como para poder aceptar tal decisión? ¿Cuánto de probabilidad de error estarías dispuesto a aceptar para rendir un examen? Por ejemplo, ¿un examen de admisión?

¿Cuánto de probabilidad de error estarías dispuesto a aceptar para realizar un procedimiento quirúrgico? Digamos una cirugía programada. Y

¿cuánto de error estarías dispuesto a aceptar para subirte a un vuelo aéreo? porque piensas que el vuelo aéreo es un sistema de viaje seguro.

Esto quiere decir que debemos fijar un límite para este error: un límite para la probabilidad de desaprobar un examen, un límite para la probabilidad de que una herida postoperatoria se infecte, un límite para la probabilidad de que un vuelo aéreo termine en accidente.

A este límite se le conoce con el nombre de nivel de significancia y es un valor convenido, es un valor convencional, no se obtiene de ninguna fórmula, no existe un algoritmo matemático de donde se obtenga este valor.

Imagina la probabilidad de error que estás dispuesto a aceptar para un examen, ¿es la misma que la probabilidad de error que estás dispuesto a aceptar para una cirugía? y esta probabilidad de error ¿es la misma que estás dispuesto a aceptar para un vuelo aéreo?, definitivamente no, son límites de error que estamos dispuestos a aceptar y son diferentes en cada caso.

Incluso dentro de un examen, no es lo mismo rendir un examen de admisión que rendir un examen de grado, donde podría existir una recuperación.

No es lo mismo realizar una cirugía programada que realizar una cirugía de urgencia; la magnitud de error que estamos dispuestos a aceptar en una cirugía programada es probablemente mucho menor que la magnitud de error que estamos dispuestos a aceptar en una cirugía de urgencia.

Y lo mismo ocurrirá para tomar un vuelo aéreo, imagina que eres un judío en un campo de exterminio nazi en la época de Hitler, y que por casualidad te encuentras con un avión que no está en tan buenas condiciones, con una persona que sabe pilotarlo y que la probabilidad de que este avión sufra un accidente es del 10%, ¿estarías dispuesto a tomar ese vuelo? Probablemente sí, pero es una magnitud de error que no estarías dispuesto a aceptar en otras condiciones, por ejemplo, en un vuelo comercial.

Por lo tanto, el límite del error que estamos dispuestos a aceptar debe ser establecido previamente y de manera convencional con el conjunto de investigadores que comparten la misma línea de investigación. Para el estudio de algunos temas incluso existen asociaciones mundiales que nos pueden permitir establecer este nivel de significancia o máxima cantidad de error que estamos dispuestos a aceptar.

Por ejemplo, se conocen los límites de error para un vuelo aéreo, también se conocen los límites de error para una cirugía, claro que para cosas más triviales como un examen no se han hecho cálculos para los de límites de error, para esos casos debemos establecer un valor convencional y este valor se ha fijado en 5%.

Esta es la magnitud del error que estamos dispuestos a aceptar como máximo, para dar por válida la hipótesis del investigador. 5% es un valor convencional, pero al lado del límite de error que estamos dispuestos a aceptar para un vuelo aéreo es demasiado error, esto significaría que cinco de cada cien vuelos terminan en accidente.

Sin embargo, cuando se trata de una cirugía de urgencia donde tenemos que realizar un procedimiento amplio, 5% de infección postoperatoria puede resultar un valor bastante alentador e incluso difícil de alcanzar.

Establecer el nivel de significancia

Segunda parte

De manera que el 5% es un valor convencional elegido para los estudios en los que las líneas de investigación no han sido suficientemente desarrolladas, es un buen punto de partida sobre todo para los estudios que se realizan en las Ciencias de la Salud y en las Ciencias Sociales.

En este punto debes estar preguntándote que si todo el razonamiento que hemos realizado ha sido en función de la hipótesis H_1, llamada también hipótesis del investigador; entonces, ¿cuál es la función? ¿Cuál es el rol que cumple la hipótesis H_0, llamada también hipótesis de trabajo?

Pues bien, todos los procedimientos estadísticos que vamos a realizar son sobre la hipótesis nula, porque los procedimientos estadísticos se fundamentan en un principio de independencia. Este principio de independencia es muy similar al principio jurídico que dice: todos somos inocentes hasta que se demuestre lo contrario.

Si lo traducimos a términos estadísticos sería de la siguiente manera: todas las variables son independientes a menos que se demuestre lo contrario. La hipótesis nula hace referencia a la independencia entre las variables; mientras que la hipótesis alterna hace referencia a la dependencia entre las variables.

Recuerda, la hipótesis alterna dice que existe asociación, mientras que la hipótesis nula dice que no existe asociación; la no existencia de asociación entre dos variables se puede traducir como la independencia entre estas dos variables, por lo tanto, al igual de lo que ocurre en los sistemas jurídicos partimos de que todas las variables son independientes a menos que demostremos lo contrario; por esta razón, las decisiones de rechazo y no rechazo se realizan sobre la hipótesis nula, por eso, es que también se le conoce con el nombre de hipótesis de trabajo.

La hipótesis del investigador es H_1, llamada también hipótesis alterna, y su deseo, su necesidad, es quedarse con esta hipótesis. Para ello debe rechazar la hipótesis nula. Esto significa que rechazar la hipótesis nula es equivalente a aceptar la hipótesis alterna.

Por lo tanto, el interés del investigador siempre estará enfocado en el rechazo de la hipótesis nula; y el nivel de significancia se puede traducir como la máxima cantidad de error que estamos dispuestos a aceptar de haber rechazado la hipótesis nula de una manera errónea. Fisher lo describió literalmente: El nivel de significancia estadística equivale a la magnitud del error que se está dispuesto a correr de rechazar una hipótesis nula, que en realidad era verdadera.

Y ¿qué pasaría si no pudiésemos rechazar la hipótesis nula? La mayoría de los investigadores se equivoca creyendo que al no poder rechazar la hipótesis nula deberíamos concluir aceptándola, esto es completamente falso. Si nos trasladamos al campo jurídico significaría que al no poder demostrar la culpabilidad de una persona o de un acusado se le considere inocente, esto no significa que lo sea, solamente significa que no podemos demostrar su culpabilidad, la falta de evidencia no puede ser asumida como inocencia, la ausencia de evidencia no es evidencia de ausencia, no significa que sea inocente, simplemente que no se pudo demostrar la culpabilidad.

Veamos un ejemplo algo más coloquial: tenemos dos equipos de fútbol, el primero, denominado equipo A, es el campeón del último mundial de fútbol ;y el segundo, denominado equipo B, es un equipo que ni siquiera logró clasificar en las eliminatorias para el mundial, quiere decir que el equipo A juega excelentemente bien y el equipo B juega excelentemente mal.

Si ponemos a jugar a estos dos equipos en un campo deportivo con un tiempo de cinco minutos, lógicamente no se va a presentar ningún gol, pero esto no significa que los dos equipos jueguen igual, simplemente que no hubo suficiente tiempo para demostrar la superioridad en el nivel de juego del equipo A sobre el equipo B.

Para demostrar esta diferencia tendríamos que incrementar el tamaño de la muestra. Si logramos que estos dos equipos jueguen dos tiempos de 45 minutos realmente lograremos evidenciar la diferencia de juego; por esta razón, en nuestra primera situación, donde únicamente juegan cinco minutos, no podemos llegar a la conclusión de que el nivel de juego es igual, lo cual correspondería a la hipótesis nula, la idea de que los dos equipos jueguen, de que comparen su nivel de juego es demostrar las diferencias, pero las diferencias las podemos demostrar únicamente descartando la igualdad.

La proposición preliminar es que juegan diferente, por eso los planteamos a compararse, pero el principio de independencia nos dice que no hay diferencia de juego puesto que si nunca han jugado estos dos equipos no podríamos saber a ciencia cierta si realmente uno tiene un nivel de juego muy superior al del otro.

Por lo tanto, luego de someterlos a un partido de fútbol nos permitiremos realizar una conclusión. Pero si en cinco minutos de juego no existe ningún gol no podemos afirmar que el nivel de juego es el mismo: la ausencia de diferencias en los resultados no nos puede permitir concluir en la ausencia de diferencia en el nivel de juego.

Algunos investigadores creen que los términos de nivel de significancia, error tipo I y p-valor son sinónimos. Es importante remarcar la diferencia en cuanto a los conceptos de estos tres términos: el nivel de significancia es la máxima cantidad de error que estamos dispuestos a aceptar en caso de que nuestra hipótesis, nuestra afirmación preliminar, no sea la correcta, la hipótesis del investigador puede ser falsa y en ese caso habríamos cometido un error tipo I; por lo tanto, el error tipo I no es más que una equivocación, es el suceso, es el acontecimiento en el que nos hemos equivocado al haber aceptado nuestra hipótesis de investigador como algo verdadero; por otro lado, el p-valor es la cuantificación del error tipo I.

Dijimos que la probabilidad de error siempre está entre cero y uno, y que esperamos que la magnitud del error sea la menor cantidad posible, pues bien, debemos cuantificar este p-valor, debemos cuantificar el error tipo I.

Veamos estos tres conceptos integrados en un ejemplo práctico, y para ello vamos a recurrir a nuestro ejemplo de las cirugías que pueden complicarse con una infección postoperatoria.

El hecho de que la cirugía se complique y para los casos en que así ocurre se denomina error tipo I, la probabilidad de que esto ocurra en el estudio se denomina p-valor.

Vamos a suponer que se han operado a cien pacientes, de los cuales tres se han complicado con infección postoperatoria: significa que el p-valor es igual a tres de cien o 3%, este valor es muy distinto al del nivel de significancia, un valor convencional o convenido previamente antes realizar el estudio.

Antes de ejecutar la recogida de datos habíamos quedado convencionalmente que el límite máximo para el error era de 5%; por lo tanto, el nivel de significancia para este procedimiento sería 5%; pero el p-valor, el número de personas que se han complicado en la serie de cien procedimientos quirúrgicos, es igual a 3%.

Para los tres casos, para estos tres pacientes en los que ocurrió la complicación, en ellos ha ocurrido un error tipo I; por lo tanto, el error tipo I puede ocurrir como no puede ocurrir.

La magnitud de ocurrencia del error tipo I se denomina p-valor y esperamos que se encuentre por debajo del nivel de significancia; este último es el límite máximo de error que estamos dispuestos a aceptar para realizar un procedimiento, para tomar una decisión o para aceptar la hipótesis del investigador.

Elegir del estadístico de prueba

Primera parte

Vamos a desarrollar el paso número tres. Recordemos que para poner a prueba una hipótesis debemos realizar secuencialmente cinco pasos conocidos como el ritual de la significancia estadística: el primero de ellos fue la formulación matemática de la hipótesis en una hipótesis nula y una hipótesis alterna; luego, en el segundo paso, establecimos un nivel de significancia, que significa la máxima cantidad de error que estamos dispuestos a aceptar por quedarnos con la hipótesis del investigador; dicho de otro modo, por rechazar la hipótesis nula.

En este tercer paso, vamos a desarrollar la elección del estadístico de prueba, el algoritmo o fórmula matemática que vamos a utilizar para la estimación del error denominado error tipo I.

Más adelante en el paso número cuatro, veremos cómo dar lectura a este p-valor, a este número, a esta magnitud que hemos encontrado mediante el procedimiento que desarrollaremos en el paso tres y, finalmente, en el paso cinco veremos cómo tomar la decisión acerca de la hipótesis planteada, en función a los cálculos realizados previamente.

Entretanto los criterios que se utilizan para elegir el estadístico de prueba son seis: el tipo de estudio, el nivel investigativo, el diseño de la investigación, el objetivo estadístico, las escalas de medición de las variables y el comportamiento de los datos.

Plantearemos un ejemplo con cada uno de estos seis criterios para identificar en qué medida cada uno de ellos influye sobre del estadístico que tenemos que elegir.

El primer criterio. Comencemos con el tipo de estudio, y para plantearnos la diferencia entre el análisis estadístico que tienen los estudios según el tipo vamos a recurrir a una prueba estadística muy conocida, esta prueba se denomina t de Student. Recuerda que existen dos versiones de la t de Student: una versión denominada t de Student para grupos independientes, y otra para muestras relacionadas.

En buena cuenta, existen dos formas de realizar la t de Student: la primera, cuando tenemos dos grupos y queremos compararlos; y la segunda, cuando tenemos un solo grupo pero hacemos dos mediciones.

Cuando construimos una matriz de datos, la expresión o la transcripción de nuestros datos para cualquiera de los dos casos es muy similar, la diferencia está en que la t de Student para grupos independientes es una prueba estadística que se aplica a los estudios transversales, porque solamente hay una medición, es una medición por cada grupo, y luego el resultado de esta medición en cada grupo es lo que se compara mediante esta prueba de t de Student para grupos independientes.

Por otro lado, en la t de Student para muestras relacionadas encontramos que este procedimiento corresponde a los estudios longitudinales, porque necesitamos dos mediciones sobre el mismo grupo. Entonces, una versión de la t de Student pertenece al estudio transversal; y la otra, al estudio longitudinal. Incluso si las características del estudio son muy similares en cada caso; el hecho de que un estudio sea transversal, y el otro longitudinal, hace que escojamos una versión de la prueba estadística totalmente distinta y con esto aclaramos que el tipo de estudio es uno de los criterios que se utilizan para escoger la prueba estadística.

El segundo criterio es el nivel investigativo o nivel de la investigación. Recuerda que existen seis niveles, comenzando desde el principio: el nivel exploratorio; luego, el descriptivo; enseguida, el relacional; más adelante, el explicativo; luego, el predictivo, y finalmente, el aplicativo.

El primer nivel, el exploratorio, corresponde a la investigación cualitativa; por eso, carece de variables analíticas, porque no hay procedimiento estadístico que ejecutar en este nivel.

En el nivel descriptivo comienza la investigación cuantitativa y es precisamente el primer nivel que se caracteriza por tener una variable analítica; por eso, el análisis estadístico que desarrollamos ahí es univariado, como las medidas de frecuencia, incidencia o prevalencia si es que estamos trabajando con datos categóricos; ahora, si estamos trabajando con datos numéricos los estadísticos que tenemos que aplicar son el promedio y la desviación estándar como medidas representativas de las medidas de tendencia central y dispersión.

Luego, cuando pasamos al nivel relacional encontramos dos variables como mínimo, me refiero a las variables analíticas, y es donde empieza la comparación de grupos, la comparación antes-después, la asociación, la correlación, las medidas de asociación y también las medidas de correlación. Todos estos procedimientos cuentan con la participación de dos variables, por eso, se les denomina análisis estadístico bivariado, esta es la característica principal del nivel investigativo relacional.

Como puedes ver el número de variables analíticas que participan en el estudio caracteriza a los niveles de la investigación, porque ya en el nivel explicativo encontramos más de dos variables, es que la relación entre dos variables puede no necesariamente corresponder a relaciones de causalidad; por ello, requerimos dar un mayor soporte estadístico para sustentar esta relación causa-efecto. Por eso, en el nivel explicativo encontramos análisis estadístico de más de dos variables denominados multivariados.

Entonces, veamos algunos ejemplos de estadísticos que se aplican a estos dos niveles. En el nivel relacional, encontramos el análisis estadístico de dos variables como t de Student, Chi cuadrado, el análisis de la varianza y todo aquel procedimiento que involucre la participación de dos variables. En cambio, en el nivel explicativo encontramos procedimientos estadísticos con más de dos variables como la regresión lineal múltiple, el Chi cuadrado de Mantel-Haenszel, también a la regresión logística binaria; como puedes ver es una forma muy sencilla de identificar preliminarmente cuál va a ser el procedimiento estadístico que desarrolles para tu trabajo de investigación de

acuerdo al nivel de la investigación en el cual se encuentre.

Debemos recordar que las hipótesis se encuentran fundamentalmente en el nivel relacional y en el nivel explicativo. ¿Podemos encontrar hipótesis en el nivel descriptivo? Sí. ¿Podemos encontrar hipótesis en el nivel predictivo, que está por encima de estos dos mencionados? Sí. Pero son muy raras las ocasiones en que eso ocurre, y es que la finalidad del nivel predictivo no es demostrar hipótesis sino más bien predecir; lo mismo ocurrirá en el nivel aplicativo, donde la finalidad no es poner a prueba hipótesis sino hacer más óptimo un procedimiento, mejorar la situación actual del ser humano y de su entorno.

Por esta razón, cuando nos referimos a demostrar hipótesis nos enfocamos fundamentalmente en el nivel relacional y en el nivel explicativo. Desde el punto de vista metodológico la diferencia entre la hipótesis que corresponde a uno y otro nivel es que en el nivel relacional las hipótesis son empíricas, quiere decir que nacen de la experiencia y no tienen, por tanto, un fundamento teórico; en cambio, en el nivel explicativo las hipótesis se conocen como racionales, quiere decir que están sustentadas en el conocimiento previo y que los antecedentes investigativos son necesarios para dar sustento como fundamento a la hipótesis que estamos planteando. Entonces, las hipótesis se encuentran básicamente en el nivel relacional y explicativo.

Es importante recordar que las pruebas estadísticas destinadas a probar hipótesis serán bivariadas en todos los casos para el nivel relacional, y multivariadas para la mayoría de los casos del nivel explicativo.

El tercer criterio utilizado para la selección de la prueba estadística es el

diseño de la investigación, y para remarcar la diferencia del procedimiento estadístico que existe de acuerdo al diseño vamos a mencionar dos diseños muy similares: el diseño de casos y controles y el diseño de cohortes.

¿Qué tienen en común estos dos diseños? Lo primero es que se trata de un estudio a nivel relacional, ambos, tanto el de casos y controles como el de cohortes, porque en ellos participan dos variables. La otra característica común de estos dos diseños es que son estudios observacionales, dicho de otro modo, no son experimentales.

La diferencia para un estudio caso-control y un estudio de cohortes, diseños propiamente dichos, es que el casos y controles es un estudio retrospectivo, mientras que el diseño de cohortes es un diseño prospectivo, esa es la diferencia fundamental; pero hay más: el estudio de casos y controles es un estudio transversal, solo se hace una medición por cada una de sus variables, mientras que el diseño de cohortes es un diseño longitudinal.

Ahí está la segunda diferencia para estos dos diseños, porque, por lo demás, ambos diseños son analíticos ya que tienen más de una variable ; por lo tanto, debemos realizar un análisis estadístico de dos variables denominado también bivariado.

Elegir del estadístico de prueba

Segunda parte

Pero en cuanto al manejo estadístico ¿dónde radica la diferencia? Ambos diseños están destinados a identificar y cuantificar los factores de riesgo para una determinada enfermedad; entonces, el diseño de casos y controles utiliza como medida de riesgo al Odds Ratio, denotado con las letras OR; mientras que el diseño de cohortes utiliza como medida de riesgo al Riesgo Relativo, cuya denominación es RR.

Ahora te debes estar preguntando por qué existen dos diseños si la idea es determinar y cuantificar los factores de riesgos. En realidad, existen muchas más formas, totalmente distintas a estos dos diseños, para identificar y cuantificar los factores de riesgo.

Sin embargo, el diseño de cohortes es el diseño ideal para identificar y

cuantificar a los factores de riesgo, pero siendo un estudio longitudinal y, además, prospectivo en muchas ocasiones no podremos desarrollar este diseño.

Por cuestiones de factibilidad, en ese caso, recurrimos al diseño de casos y controles, pero no podremos utilizar el Riesgo Relativo como medida de riesgo, sino más bien el Odds Ratio; no obstante, el OR es una estimación del Riesgo Relativo, pero matemáticamente o procedimentalmente son dos algoritmos distintos. Escogeremos el OR si nuestro diseño es el de casos y controles, y el RR, si nuestro diseño es de cohortes. Como puedes ver, el diseño de la investigación también influye sobre la elección del procedimiento estadístico.

El cuarto criterio para la elección del procedimiento estadístico: el objetivo estadístico. Quizás sea el objetivo estadístico el criterio más importante de los seis, porque no es lo mismo comparar que asociar y tampoco es lo mismo comparar y concordar. Si bien todos estos procedimientos se desarrollan en una tabla de contingencia y, más aún, en una tabla de 2 x 2 llamada también tetracórica; la interpretación y el procedimiento para el cálculo es totalmente distinto.

Veamos a manera de ejemplo cuál es la diferencia entre comparar, asociar y concordar. Comparar significa que tenemos dos grupos y buscamos las diferencias entre ellos, si la medida de la variable de estudio es dicotómica, es categórica en términos generales; entonces, la podemos presentar en una tabla de contingencia y ahí buscamos únicamente diferencias, aplicaríamos el procedimiento estadístico Chi cuadrado de homogeneidad.

Por otro lado, si el objetivo es asociar, entonces, también hacemos nuestra tabla de contingencia, pero el procedimiento estadístico es el Chi cuadrado de independencia, cuya interpretación es, por supuesto, distinta al Chi cuadrado de homogeneidad; pero si, por otro lado, la intención entre estas dos variables es concordar, entonces, utilizamos el procedimiento estadístico denominado índice capa de cogen.

En cuanto a la tabla de contingencia, en los tres casos es la misma, pero la interpretación de los resultados y el algoritmo que se utiliza para cada uno de estos procesos puede ser distinto; entonces, el objetivo estadístico hace que el procedimiento matemático cambie de acuerdo a la necesidad del investigador. Teniendo en cuenta que el objetivo estadístico refleja la intencionalidad, el propósito del estudio, lo que el investigador desea conocer.

El quinto criterio para la elección de un procedimiento estadístico son las escalas de medición de las variables. Si bien podemos tener estudios con el mismo tipo, en el mismo nivel, con el mismo diseño, incluso con el mismo objetivo estadístico, si la escala de medición de las variables cambia, entonces, también cambia el procedimiento estadístico. Veamos: si queremos comparar dos grupos y la variable medida, la variable aleatoria, es una variable categórica; entonces, realizamos un Chi cuadrado de homogeneidad.

Pero ¿qué pasaría si cuando queremos comparar estos dos grupos la variable aleatoria es una variable numérica? En ese caso tendríamos que utilizar la prueba t de Student para grupos independientes. Pero aún hay una opción más: ¿qué pasaría si la variable aleatoria, la variable que vamos a medir, es una variable con escala ordinal? En ese caso, utilizamos la prueba

U de Mann-Whitney.

Fíjate que en los tres ejemplos, las pruebas seleccionadas son Chi cuadrado de homogeneidad, t de Student para grupos independientes y U de Mann-Whitney. Los tres corresponden al objetivo estadístico comparar, todos son objetivos bivariados porque son dos variables las que están involucradas en su análisis estadístico, incluso el diseño de la investigación y el tipo de la investigación podría ser idéntico.

Pero lo que hace cambiar la prueba estadística es la escala de medición de las variables. Recordemos que existen cuatro escalas de medición y son, comenzando por la más básica, la nominal, la ordinal, de intervalo y la de razón. Para propósitos generales, las dos variables numéricas, la escala de intervalos y la escala de razón, tienen el mismo manejo estadístico; en cambio, en el lado categórico, las variables con escala nominal y ordinal tienen un manejo totalmente distinto.

Por ello, podríamos resumir los procedimientos estadísticos de acuerdo a la escala de medición, simplemente en tres: en la nominal, en la ordinal y agrupando a la de intervalo y de razón podríamos decir que es una variable numérica; incluso, algunos dicen que es la escala numérica y así lo escriben en algunos software que utilizamos para realizar estos procedimientos estadísticos.

El sexto criterio es el denominado comportamiento de los datos. Pero esto va a depender del tipo de variable que estamos analizando. Tendremos un comportamiento de los datos cuando trabajamos con variables categóricas y; también, cuando trabajamos con variables numéricas.

El primer caso es para los datos categóricos: imagina que tienes una tabla 2 x 2 y te propones a desarrollar un Chi cuadrado de independencia; sin embargo, el número de unidades de estudio para tu trabajo es muy escaso, por las razones que fuere. Si realizas tu Chi cuadrado y algunas de las frecuencias esperadas, recordando que el Chi cuadrado se calcula en función a las frecuencias observadas y las frecuencias esperadas, son menores a cinco; entonces, tendremos que hacer una corrección denominada corrección por continuidad o corrección de Yates.

Esto quiere decir que en el proyecto de investigación yo no puedo decidir si voy a aplicar un Chi cuadrado cuando al final, por el comportamiento que tengan mis datos, voy a terminar utilizando una corrección. De tal modo que indicaré el proceso analítico que voy a seguir, pero no puedo detallar al 100% cuál es la prueba estadística que voy a utilizar.

Cuando trabajamos con datos numéricos, y vamos a plantear una prueba estadística muy sencilla como la t de Student para grupos independientes, previamente tengo que demostrar la normalidad y la homocedasticidad para ambos grupos. Cada grupo que va a ser comparado tiene que tener distribución normal; además, ambos grupos tienen que tener varianzas homogéneas y para ello también podemos hacer un test. Y ¿qué sucede si no se cumplen estos criterios?

Entonces, no puedo aplicar la t de Student para grupos independientes, denominada prueba paramétrica. En ese caso, tendré que elegir una alternativa que es un equivalente no paramétrico, y que para el caso particular de la t de Student para grupos independientes es la U de Mann-Whitney.

Pero ¿por qué cambié de decisión a último minuto si mi intención era aplicar la t de Student para grupos independientes? Porque no se cumplieron los supuestos, no se cumplieron los requisitos que se necesitan para desarrollar una prueba estadística paramétrica.

Por lo tanto, en este caso tampoco podré escribir cuál es la prueba estadística que voy a utilizar desde el inicio en el proyecto de investigación. Sí puedo dar una intención del proceso analítico que voy a desarrollar, pero exactamente la prueba estadística no podría saberla.

Dar lectura del p-valor calculado

Primera parte

El paso número cuatro es la lectura de p-valor y debes estar preguntándote: ¿en qué momento hemos hecho el cálculo del p-valor? ¿Cómo es que le vamos a dar lectura a un dato que todavía no hemos obtenido? En realidad, sí lo hemos obtenido y este es el preciso momento en que disponemos de esta información.

Recordemos los pasos anteriores: el primero de ellos es la formulación matemática de la hipótesis en hipótesis nula y alterna; el segundo paso era el establecimiento del nivel de significancia, que para casos generales lo dejábamos en 5%; el tercer paso es la elección del estadístico de prueba, y elegimos un procedimiento estadístico precisamente para calcular el p-valor, que es la magnitud del error tipo I.

Cuando planteamos una hipótesis, nula y alterna, el interés del investigador es quedarse con la hipótesis alterna y para ello debe rechazar a la hipótesis nula. Se trabaja con la hipótesis nula porque partimos de un principio de independencia y; por esta razón, a la hipótesis nula se le conoce con el nombre de hipótesis de trabajo.

¿Qué pasaría si realizaras este procedimiento de rechazar la hipótesis nula para aceptar la alterna y te equivocas? Entonces, habrías cometido un error tipo I, y esto eventualmente puede ocurrir porque la certeza al 100% no existe; por esta razón, el error tipo I esta entre cero y uno: nunca es exactamente cero, porque eso implicaría la ausencia de error; pero, tampoco es igual a uno, porque eso implicaría que siempre se produce el error.

El error está presente, pero suele ser con frecuencia de una magnitud muy baja, esperamos que sea un valor por debajo del nivel de significancia y; por eso, es que planteamos un límite de error, que denominamos precisamente así: nivel de significancia.

Entonces, lo que tenemos que hacer a continuación es calcular el p-valor. ¿Cuál es su magnitud? Dijimos que todo estaba sujeto a error: cuando das un examen es posible que termines desaprobando; cuando realizas una cirugía podría haber una complicación, una infección de herida postoperatoria; cuando tomas un vuelo aéreo podría terminar en un accidente; a esto le denominamos error tipo I.

Por supuesto, el error no es tan frecuente y los procedimientos que hemos mencionado los consideramos seguros. Pero ¿de cuánto error estamos hablando? ¿Cuál es la magnitud del error? y ¿cómo es que se calcula?

Para calcular la magnitud del error utilizamos los algoritmos mencionados en el paso anterior: Chi cuadrado, t de Student, el análisis de la varianza, cuyo acrónimo es ANOVA, cualquier procedimiento destinado a estimar el p-valor.

Luego de aplicar una prueba estadística como Chi cuadrado o t de Student el resultado que obtenemos es la magnitud del p-valor y lo podemos obtener directamente desde el software.

Recordemos un poco de historia: en el siglo pasado lo que hacíamos era calcular el estadístico Chi cuadrado calculado; luego, lo comparamos con el Chi cuadrado de la tabla o Chi cuadrado teórico, que lo obteníamos de unas tablas que venían como anexos en los libros de estadística, entonces, decidíamos acerca de nuestras hipótesis en función a la diferencia que había entre el estadístico calculado y el estadístico de la tabla.

Para el caso concreto del Chi cuadrado sería el Chi cuadrado calculado con el Chi cuadrado de la tabla; y lo mismo para otros procedimientos: la t de Student calculada y la t de Student de la tabla, en función de esto es que decidíamos con cuál de las hipótesis nos íbamos a quedar. Como dijimos al inicio, esto es parte de la historia del análisis estadístico.

Hoy ya no se ejecuta así, porque esto es un procedimiento inexacto, además, nadie lleva las tablas de distribución Chi cuadrado, t de student en el bolsillo de la camisa, no podemos disponer de estos materiales en cualquier lugar. Hoy en día disponemos de software para realizar nuestros cálculos estadísticos: literalmente con unos cuantos clics y en pocos segundos podemos obtener la magnitud del p-valor o del error tipo I, para cualquiera de los procedimientos que estamos desarrollando.

Por esta razón, cuando utilizamos el software lo que en realidad nos interesa no es el Chi cuadrado calculado, que se puede obtener, lo que en realidad nos interesa es el p-valor. Cualquiera sea el procedimiento que estemos desarrollando siempre dirigimos nuestra mirada muy puntualmente hacia la magnitud del p-valor.

En algunos software, como es el caso del SPCS, en lugar del nombre de p-valor le colocan otro nombre, que es el de significancia asintótica, en el caso de Chi cuadrado lleva este nombre. Pero si aplicamos el procedimiento como es el test exacto de Fisher va llevar otro nombre y este es significancia exacta. En cualquiera de los dos casos ya sea significancia asintótica o significancia exacta nos estamos refiriendo al p-valor, a la magnitud del error tipo I, pero ¿qué diferencia hay entre significancia asintótica y significancia exacta?

Pensemos en una distribución normal, en una campana Gaussiana, tenemos enfrente de nosotros a la distribución z, que tiene la forma de una campana, los brazos se extienden indefinidamente tanto hacia el infinito negativo como hacia el infinito positivo. Recuerda, la distribución normal estándar tiene una media de cero y una desviación estándar de uno.

¿Te has puesto a pensar en qué momento los brazos de esta campana tocan el eje de las abscisas, la línea base que se encuentra debajo de la campana? Los brazos de esta campana, estas líneas que se extienden hacia la izquierda y hacia la derecha nunca tocan el eje de las abscisas, a esto se le denomina asintótico.

Quiere decir que podemos trazar diferentes puntos en la línea de las abscisas o eje de las abscisas; y a partir de cualquier punto que tracemos en cualquier lado tendremos un valor de z. El área que se enmarca por debajo de esta línea que hemos trazado es un valor de probabilidad; por lo tanto, si podemos trazar líneas, podemos trazar marcas indefinidamente o infinitamente sobre el eje de las abscisas; entonces, también tendremos infinitas formas de calcular la probabilidad, infinitas magnitudes que se encontrarán por debajo de esta línea que hemos trazado.

A eso se le denomina asintótico, porque cualquier valor de probabilidad es factible de ser transformado a un valor de z en la distribución normal; en cambio, en otros procedimientos como el test exacto de Fischer no existe esta posibilidad.

Para entender que en un test exacto de Fisher no hay posibilidades infinitas o probabilidades infinitas vamos a plantear un ejemplo: imaginemos que tenemos un hospital donde en un determinado piso trabajan diez médicos: cinco de ellos trabajan en el lado A, y cinco, en el lado B.

Un visitador médico decide repartir tres muestras médicas de manera aleatoria entre estos diez profesionales; entonces, lógicamente que brindará dos muestras médicas para un grupo y una muestra médica para el otro, Si quisiera repartirlas de la manera más aleatoria posible, porque de repartir las tres muestras médicas en un solo grupo entonces se estaría sesgando por una de estas alas del hospital, creamos una tabla de contingencia, y tenemos que en el grupo A, que corresponde al ala A hay cinco profesionales; y en el grupo B, que corresponde al ala B, también hay cinco profesionales; entonces, los totales para cada grupo es igual a cinco en cada caso y vamos a repartir solamente tres muestras médicas: quiere decir que habrán siete médicos a los cuales no les corresponda una muestra médica.

Esto es una prueba estadística o procedimiento estadístico denominado test exacto de Fischer, porque podría ocurrir lo siguiente: que en el grupo A ninguno de los profesionales reciba una muestra médica y calculamos una probabilidad para este primer evento; la segunda posibilidad es que en el grupo A un profesional reciba la muestra médica y podemos calcular la probabilidad de este evento; una tercera posibilidad podría ser que en el grupo A, dos de los profesionales reciban una muestra médica y tenemos que calcular también la probabilidad de que esto pueda ocurrir; y finalmente, podría ocurrir que las tres muestras médicas se vayan el grupo A, podemos calcular también la probabilidad de que esto ocurra pensando por supuesto que los eventos son totalmente independientes.

Entonces, solamente hemos hecho cuatro cálculos: cuando en el grupo A ningún profesional recibía la muestra médica; cuando solamente uno de ellos lo recibía; cuando dos de ellos lo recibían, y cuando tres de ellos recibían la muestra médica.

Solamente cuatro posibilidades, y cada una tiene una probabilidad de ocurrencia, a esto se le denomina significancia exacta porque entre estas cuatro magnitudes de probabilidad no hay punto medio no podemos sumar dos de estas probabilidades para sacar un valor promedio, un valor central, y decir que este nuevo dato que hemos encontrado corresponde a algunas de las circunstancias.

Dar lectura del p-valor calculado

Segunda parte

En cambio, cuando trabajamos con la distribución z, denominada también distribución normal, puedes elegir dos valores de probabilidad cualesquiera, sumarlos y sacar un promedio y el valor de probabilidad que encuentres corresponderá a un valor de z, porque las probabilidades en la distribución normal son infinitas; en cambio, cuando trabajamos con el test exacto de Fisher utilizamos la distribución binomial y no hay posibilidades infinitas, no hay forma de hacer cálculos infinitos para encontrar el valor de la probabilidad de cualquiera de las combinaciones que hagamos con las variables que participan en el experimento.

Pero ya sea que nos encontremos frente a la significancia asintótica o frente a la significancia exacta, en cualquiera de los dos casos estamos frente a la magnitud del error, a la cuantificación del error denominado p-valor;

entonces, no nos debe preocupar tanto si es una significancia asintótica o si es una significancia exacta, porque ese trasfondo es netamente matemático, netamente probabilístico, lo que a nosotros nos interesa es saber cuál es la magnitud del error, cuál es la magnitud del p-valor, y el software nos va a arrojar este valor, nos va dar la magnitud y nosotros tendremos que darle una lectura.

¿Cómo es que se lee el p-valor? El p-valor no se interpreta, sino más bien, se lee. Es cierto que el p-valor lo puedes utilizar para interpretar tus resultados; pero en sí mismo no tiene una interpretación, no es un número que varíe de cero a uno y podamos hacer jerarquías en los intervalos que podamos construir en todo este recorrido o rango. Esto no es así. El p-valor es una magnitud de error que podemos leer, pero que no podemos interpretar.

Veamos qué lectura debemos darle a este número, y para ello vamos a recurrir a nuestro ejemplo del examen que tenemos que rendir. Los resultados del examen pueden ser aprobado y desaprobado; por supuesto, existe la probabilidad de desaprobar un examen, no importa cuánto hayas estudiado, puede ocurrir, pero esperamos que la probabilidad de ocurrencia sea lo más baja posible. Supongamos que la probabilidad de desaprobar un examen es 10%; por lo tanto, el p-valor calculado con tu algoritmo seleccionado en el procedimiento anterior es igual a 10%, en cifras decimales sería 0.10

10% significa la probabilidad de desaprobar el examen. Pero nosotros no damos un examen para desaprobarlo: damos el examen porque queremos aprobarlo. Por lo tanto, la hipótesis del investigador es que vamos a aprobar el examen, que estamos seguros de aprobarlo. Pero si el p-valor calculado es 10%; entonces, diremos que nosotros vamos a aprobar el examen con una probabilidad de error del 10%.

Veamos un ejemplo en el caso de la cirugía. Las cirugías se pueden complicar con infección de herida postoperatoria y vamos a suponer que el cálculo del p-valor es igual a 5%, pero nosotros no estudiamos la infección de la herida, no es el resultado que queremos obtener, queremos obtener el éxito, es decir, que el procedimiento quirúrgico que estamos desarrollando sea efectivo, que no tenga complicaciones. Sabemos que sí puede ocurrir la complicación, pero nosotros queremos dar confianza a los pacientes y les decimos que este procedimiento quirúrgico es seguro con una probabilidad de error del 5%.

Lo mismo podemos aplicar para un vuelo aéreo: tendríamos que decir que los vuelos aéreos son seguros, pero con una probabilidad de error de 1.4 por cada millón de vuelos.

Fíjate que la lectura de p-valor no es una decisión que nos corresponda tomar: cuando nosotros rendimos un examen sabemos la probabilidad o, por lo menos, tenemos una idea de la probabilidad que tendríamos de desaprobar; cuando nos sometemos a una cirugía como pacientes, también sabemos que hay una probabilidad de error, de que ocurra una complicación; cuando tomamos un vuelo aéreo también sabemos que existe una probabilidad de error o de accidente, que esta probabilidad es muy baja, es cierto, pero la probabilidad existe.

La tarea del investigador cuando hace el cálculo del p-valor no es tomar la decisión, sino únicamente comunicar la probabilidad de ocurrencia de este error, denominado error tipo I. Al final son los usuarios los que tienen que tomar la decisión de aceptar o no ese valor del error a partir de un nivel de significancia; entonces, si a ti te comunican que la probabilidad de desaprobar un examen es 10%, tu decidirás si tomas o no el examen. Al final, es el usuario quien decide si se arriesga o no.

Si te vas a someter a una cirugía donde la probabilidad de infección de herida postoperatoria es del 5%. En este caso, el profesional, el investigador, el médico te comunica la probabilidad de que esto ocurra, pero al final tú serás el que decida si te sometes o no al procedimiento quirúrgico en mención. Por supuesto, haciendo un análisis de riesgo-beneficio.

Y lo mismo ocurrirá para los vuelos de las compañías aéreas comerciales. La probabilidad de accidente aéreo se calcula en función al número de vuelos efectuados el año pasado y el número de accidentes que se ocasionaron también en ese año, hacemos una división y encontramos la probabilidad de que ocurra un accidente aéreo, finalmente tú decides si tomas o no estos vuelos comerciales, conociendo que existe una probabilidad que es muy baja, pero que existe.

Entonces, el p-valor es la cuantificación del error, es la identificación del error tipo I, y para ello no basta, en la mayoría de los casos, hacer solamente una división, sino que hay que hacer un procedimiento estadístico un poco más complejo desde el punto de vista matemático, porque hay un algoritmo que debemos desarrollar, por ejemplo, el algoritmo del Chi cuadrado o de la t de Student o del análisis de la varianza o de la U de Mann-Whitney o de cualquier otro procedimiento que conozcas. La mayoría de ellos te arrojan un p-valor, porque te permiten tomar una decisión.

Los procedimientos estadísticos que te arrojan este valor de p, llamado también p-valor, están destinados a poner a prueba hipótesis. Recuerda: no todos los procedimientos estadísticos ponen a prueba hipótesis; por ejemplo, calcular el riesgo relativo no pone a prueba una hipótesis, porque no te arroja un p-valor. Y lo mismo ocurrirá con el Odds Ratio: no te sirve para tomar decisiones, no te sirve para calcular el p-valor.

Entonces, hay algunos procedimientos estadísticos que sí te dan la magnitud del p- valor, y otros procedimientos estadísticos que no te la dan. Solamente aquellos procedimientos estadísticos que te arrojan un valor de p, que te brindan el valor de la magnitud del error tipo I, son los que sirven para poner a prueba hipótesis.

Los otros procedimientos como hallar una media, por ejemplo, no sirven para poner a prueba hipótesis; sino que tienen otras funciones, probablemente descriptivas o predictivas, pero que en ningún caso servirán para tomar decisiones en función a una probabilidad de error.

Finalmente, cuando hablamos del cálculo del p-valor pensamos que debemos tener habilidades matemáticas para realizar este cálculo, pero hoy en día disponemos de una infinidad de software estadístico, tanto de pago, como libre, que nos permite calcular el p-valor. Para la mayoría de los procedimientos sencillos encontramos en casi todos los software la aplicabilidad, por ejemplo, del Chi cuadrado o de la t de Student.

Cuando entramos a procedimientos algo más complejos tendremos que escoger qué software nos permite realizar los cálculos que nosotros necesitamos ejecutar, en ningún caso necesitas aprenderte las fórmulas matemáticas, esa tarea hay que dejarla a los profesionales de esa rama, a los matemáticos y a los estadísticos, nosotros no necesitamos conocer fórmulas o algoritmos, mucho menos necesitamos desarrollar manualmente estas fórmulas, ni siquiera realizar los cálculos en Excel mediante comandos; lo único que necesitamos saber es qué prueba estadística necesitamos y eso lo hemos visto en el paso anterior. Ejecutamos, luego, nuestra secuencia de comandos en el software estadístico y enseguida obtendremos, en cuestión de segundos, la magnitud del error tipo I, denominado p-valor.

De modo que si pensabas que íbamos a hablar de cálculos matemáticos en esta parte, lamento decepcionarte, no necesitas hacer absolutamente ningún cálculo para poner a prueba una hipótesis.

Tomar una decisión estadística

Primera parte

Este es el paso número cinco, que corresponde a la toma de decisiones. Esta vez tendremos que decidir con cuál de las dos hipótesis nos vamos a quedar: con la hipótesis nula o con la hipótesis alterna, que corresponden a los valores de verdad de la proposición que es nuestro enunciado.

Si la proposición es que la obesidad es un factor de riesgo para la diabetes, entonces, la hipótesis del investigador H_1 dirá que efectivamente la obesidad es un factor de riesgo para la diabetes; y la hipótesis nula dirá lo contrario: la obesidad no es un factor de riesgo para la diabetes. Al final, tendremos que decidir si la obesidad es o no un factor de riesgo para la diabetes.

La idea es que nos tenemos que quedar con alguna de estas dos proposiciones, tenemos que saber con cuál de estas dos afirmaciones vamos a trabajar. Independientemente de los procedimientos intermedios que hayamos desarrollado, porque si la obesidad es un factor de riesgo para la diabetes; entonces, al reducir los índices de obesidad en la población se reducirán, también, los índices de diabetes. Esa es la razón por la que queremos saber con certeza o, por lo menos, con algún grado de certeza si esta afirmación es real o no.

Las decisiones que tomamos cada día siempre son de este tipo, es decir, dicotómicas. Tenemos que tomar decisiones como dejar en hospitalización o darles un tratamiento ambulatorio a los pacientes. Cuando nos encontramos en la sala de emergencia, los dejamos en observación o el paciente se puede ir a su casa. En cada circunstancia de la vida estamos tomando decisiones, por ejemplo, vamos estudiar en la universidad o no. ¿Cómo podemos asumir una de estas decisiones basadas en la probabilidad? Para eso desarrollamos el ritual de la significancia estadística.

Por supuesto, tomar o no una decisión no es absoluta. Si afirmamos que vamos a rendir un examen es porque pensamos que vamos a salir aprobados, sabemos que podría no ocurrir esto, podríamos salir desaprobados. Sin embargo, decidimos dar el examen porque tenemos buena chance, porque tenemos buena probabilidad de aprobar el examen; dicho de otro modo, la probabilidad de desaprobar el examen, o sea, el error tipo I es muy baja.

Pero ¿cuán baja debe ser está probabilidad de desaprobar o probabilidad de error tipo I? Debe ser más baja que el nivel de significancia y aquí viene otra vez la importancia de establecer preliminarmente cuál es el límite del error que estamos dispuestos a aceptar. Porque para algunos casos como, por ejemplo, rendir un examen, es cada individuo quien decide si da o no da el examen, de acuerdo la probabilidad estimada que se ha hecho para aprobar esta evaluación.

Si yo creo que mi probabilidad de aprobar es del 90%, decido dar el examen; algunos deciden dar el examen con probabilidades menores; algunos creen que su probabilidad de aprobar el examen es del 80%; dicho de otro modo, la probabilidad de desaprobar, o error tipo I, es del 20%; pero, aun así deciden dar el examen. Otros tienen una probabilidad de aprobar del 50% y su probabilidad de desaprobar el examen es del 50% también; pero, aun así deciden dar el examen.

Entonces, la decisión a veces es individual para cada uno, pero a veces tenemos que recurrir a decisiones en función a consensos. Vamos a trasladarnos al ejemplo de la cirugía: ¿cuál es la probabilidad de que una cirugía, un procedimiento quirúrgico amplio, se infecte después del procedimiento quirúrgico o exista una infección postoperatoria?

Supongamos que esta probabilidad es del 10%; y en una determinada clínica el 5% de los pacientes que se someten a este mismo procedimiento quirúrgico se complican o tienen una infección de herida. Entonces, nosotros decimos que esta clínica es muy buena, porque si bien se puede aceptar hasta 10% de infecciones, ellos publican en su revista que tienen solamente 5%: así que son excelentes y, por supuesto, mucha gente querrá operarse con ellos.

Por otro lado, si tenemos una clínica que tiene un 20% de infección de herida postoperatoria para el mismo procedimiento quirúrgico y sabemos que el límite máximo es el 10%, es una publicación a nivel nacional, es un consenso a nivel de grupos profesionales; entonces, diremos que esta segunda clínica tiene mucho error. Y, por lo tanto, mucha gente decidirá no someterse al procedimiento quirúrgico en esta segunda clínica. Esa es una decisión personal de cada quien y depende de la información con la que cuente para someterse o no a un procedimiento quirúrgico en una respectiva clínica.

Pero ¿qué pasaría si existiese una entidad, digamos el Ministerio de Salud, que decide dar licencia para someterse a este procedimiento quirúrgico solamente a las clínicas que hayan demostrado que el número máximo de complicaciones sea igual al 10%? Entonces, a la primera clínica que tiene 5% de infección de herida le darán una autorización, un certificado, algún tipo de documento que los acredite; en cambio, para la segunda clínica no le brindarán esta documentación; por lo tanto, no están autorizados a desarrollar este procedimiento quirúrgico desde el punto de vista legal.

Ya no es una decisión de cada uno de sus pacientes, sino que están impedidos de desarrollar este procedimiento porque no cuentan, probablemente, con el equipo físico que necesitan para desarrollar el procedimiento, o con la capacitación suficiente de su personal, o sea cuales fueran las razones están mostrando un índice de error mucho más alto del que deberían de acuerdo a los estándares internacionales.

En este segundo ejemplo, a diferencia del examen, donde cada individuo decide si rendir o no un examen de admisión, existen entidades externas que están orientadas a la protección del paciente; entonces, ya no es una decisión particular de cada uno de operarse, o no, en una clínica; sino, que simplemente aquellas clínicas que muestran un índice de complicaciones más altos que el estándar internacional no tienen autorización, están impedidas, no pueden desarrollar este procedimiento quirúrgico, y así protegemos a la comunidad, a los pacientes que padecen de esta patología o que requieren este procedimiento quirúrgico.

Por lo tanto, la entidad que controla las complicaciones de las cirugías les certificará, les dará un documento que acredita a la primera clínica por haber mostrado un índice de complicaciones más bajo que el estándar internacional. Pero esto no significa que en esta clínica no existan las complicaciones. Sí existen. Solo que se ha tomado la decisión de aceptarlos, se ha tomado la decisión de acreditarlos, de darles un respaldo legal para que puedan desarrollar este procedimiento en las condiciones en las que vienen haciéndolo.

Y lo mismo ocurre para cualquier otro procedimiento, no solamente quirúrgico o de un tipo especial de cirugía. Si bien, las clínicas, los centros médicos, los centros odontológicos, los hospitales, están acreditados y pueden tener referentes incluso internacionales, es decir, estar acreditados por organismos internacionales; esto no significa que no tengan error. Sí lo tienen, pero tienen un error por debajo de un límite internacional.

Este límite es el nivel de significancia que los profesionales de esa especialidad han acordado como nivel máximo para ser aceptado. Entonces, la tarea de tomar la decisión de someterse o no al procedimiento quirúrgico no se deja en las manos de los usuarios, sino que existen agentes externos que permiten controlar estos niveles de error.

Si nos trasladamos a nuestro ejemplo de los vuelos aéreos: existe una probabilidad de error para un determinado vuelo; pero ¿te has puesto a pensar en algún momento que esta probabilidad es distinta para cada aerolínea? Y ¿te has puesto a pensar también que la probabilidad de error es distinta de acuerdo a la nave que se está utilizando para el traslado? Por otro lado, ¿te has puesto pensar que la probabilidad de error o de accidente dependerá, también, del aeropuerto que se utiliza, tanto para hacer el despegue o el aterrizaje?

En definitiva, la probabilidad de error para un accidente aéreo no es la misma para las distintas aerolíneas; no es la misma para las distintas naves; ni tampoco es la misma para los distintos aeropuertos; incluso esta probabilidad de error o de que el vuelo aéreo termine en un accidente no es lo mismo para los vuelos comerciales que para los vuelos privados.

Sin embargo, existe mucha probabilidad de que te hayas subido a varios aviones de distintas aerolíneas, que tienen distintas naves y que hayan aterrizado en diferentes aeropuertos.

Tomar una decisión estadística

Segunda parte

Esto no significa que vayas a ir con una calculadora y que vayas preguntando aerolínea por aerolínea, aeropuerto por aeropuerto y nave por nave cuál es la probabilidad de error tipo I o cuál es la probabilidad de que el vuelo termine en un accidente, porque para esto existen los organismos internacionales que parametran los estándares, no solamente para las aerolíneas, sino también para los aeropuertos, para naves o también para vuelos comerciales y privados. Y son estos organismos externos los que al final los certifican, les dan las autorizaciones y el visto bueno para que ellos puedan realizar sus traslados, sus vuelos, sus desplazamientos.

Esto quiere decir que la toma de decisión de que los vuelos aéreos son seguros, hipótesis del investigador, o no son seguros, hipótesis nula o hipótesis de trabajo, no cae en las manos de los usuarios, sino más bien cae en las manos de los organismos internacionales que regulan el tráfico aéreo.

Regresando al campo de la investigación, quien tiene que tomar la decisión de quedarse con la hipótesis nula o con la hipótesis alterna es el investigador; de tal modo que cuando ejecutes tu análisis estadístico, serás tú quien tenga la responsabilidad de tomar la decisión de quedarte con una hipótesis u otra, en función a la probabilidad de error que hayas calculado, a la magnitud del p-valor que habías encontrado a partir del algoritmo que hayas utilizado para tu procedimiento.

Vamos a partir de un valor estándar para el nivel de significancia igual al 5%. Es que cuando estamos comenzando líneas de investigación, sobre todo en el campo de la Salud y las Ciencias Sociales, un 5% de nivel de significancia es un buen punto de partida. Pero no siempre nos quedaremos con este valor. Podríamos hacer ajustes dependiendo de las necesidades o de las exigencias que tengamos para un determinado procedimiento, pero quedémonos con 5% como un planteamiento preliminar.

Entonces, si el p-valor que has calculado está por debajo de este en 5%, vamos a suponer un 3% o un 1%, esto quiere decir que el error de la afirmación que has hecho, de la hipótesis alterna o hipótesis del investigador, es la adecuada. Sin embargo, no estoy diciendo que se cumplen el 100% de los casos. Va a existir error, pero hay que tomar una decisión: que el paciente se quede hospitalizado o que se vaya a su casa. Todo el tiempo estamos tomando decisiones.

Entonces, si el p-valor está por debajo del nivel de significancia, tomaremos la decisión de quedarnos con la hipótesis alterna, llamada también hipótesis del investigador; pero si el p-valor está por encima del nivel de significancia, eso quiere decir que hay mucho error, entonces, tomaremos la decisión de quedarnos con la hipótesis nula, llamada también hipótesis de trabajo.

Arriba habíamos dicho que la hipótesis nula no se acepta. Dijimos que no rechazar la hipótesis nula, no significaba que debíamos aceptarla. Esto es cierto, en función al análisis estadístico que debemos realizar. Para poder entender mejor esta idea nos trasladamos al campo jurídico y decimos, partiendo de un principio jurídico: que toda persona es inocente hasta que se declare su culpabilidad. La hipótesis nula es que sea inocente; y la hipótesis alterna, que sea culpable. El trabajo del fiscal es demostrar la culpabilidad de un criminal, pero vamos a suponer que tenemos a un asesino frente a nosotros, cuya culpabilidad no puede ser demostrada.

El hecho de que no se pueda demostrar su culpabilidad no significa que sea inocente; sin embargo, desde el punto de vista jurídico tendría que quedar en libertad porque no se le ha demostrado culpabilidad. Al final, la decisión del juez será que esta persona salga en libertad.

Pero con esto no estamos diciendo que sea inocente, sino que la decisión final será que debe quedar en libertad porque no se le ha podido probar culpabilidad alguna. Entonces, hay probablemente muchos asesinos a los que no se les haya podido culpar, y que finalmente están libres.

Esto mismo puede ocurrir en el procedimiento de la toma de decisiones. En el análisis estadístico que estamos realizando puede ocurrir que no hayamos podido demostrar nuestra hipótesis H_1, llamada también hipótesis del investigador, y ciertamente, esto no significa que H_0 sea verdadera. Sin embargo, tendremos que tomar la decisión de quedarnos con H_0, porque no hemos podido descartarla.

Entonces, en el último paso del ritual de la significancia estadística, lo importante es decidir con cuál de las dos hipótesis nos vamos a quedar; tal y como en el campo jurídico le ocurre a un juez: tiene que tomar la decisión de si el acusado se va a prisión o queda en libertad. De hecho, no es que con una probabilidad de error decidimos su culpabilidad o su inocencia. No. Al final, o es culpable o es inocente, y tenemos que llegar a esta conclusión para decidir si es que se va a prisión o queda libre.

A ese punto es al que queremos llegar con la toma de decisiones, en este paso número cinco llamado toma de decisiones del ritual de la significancia estadística.

Como en la mayoría de los casos trabajamos con un 5% de error como límite, llamado también nivel de significancia, la mayoría de los investigadores está muy contento en cuando el p-valor calculado está por debajo del 5% de este límite. Porque este valor es el más utilizado por la mayoría de los investigadores y; por esto, le han puesto el nombre de significativo.

Un p-valor por debajo del 5% se conoce con el nombre de significativo. También se ha dado un nombre para los casos en el que el p-valor está por debajo del 1%. Si el nivel de significancia fuera 1%, y el error está por debajo de esta magnitud diríamos que es altamente significativo; pero no es tan importante saber si es significativo o altamente significativo, si de error se trata nos interesa conocer exactamente cuál es la magnitud del error; así que en lo posible habría que evitar utilizar esta terminología de significativo o no significativo. A nosotros nos interesa la magnitud del error y que este error esté por debajo del nivel de significancia planteado, para tomar la decisión de quedarnos con una u otra de las hipótesis.

Finalmente, no hay que confundir la toma de decisiones con la interpretación, porque son dos conceptos totalmente distintos.

La interpretación de nuestros resultados está en función del propósito del estudio. Veamos un ejemplo: si el propósito del estudio es demostrar que el hábito de fumar es un factor de riesgo para el cáncer de pulmón; entonces, planteamos el siguiente análisis estadístico: conseguimos cien personas con cáncer de pulmón; luego, conseguimos cien personas que probadamente no tengan cáncer de pulmón y vamos a ver en qué proporción encontramos a fumadores en cada grupo.

Supongamos que en los que tienen cáncer de pulmón el 80% fuma, y en los que no tienen cáncer de pulmón el 40% fuma; entonces, hacemos un Chi cuadrado de homogeneidad y encontramos un p-valor significativo, es decir, por debajo del nivel de significancia: un p-valor que sea menor al 5%, si ese es el número que hemos establecido.

Entonces, tomaremos la decisión de que la frecuencia de fumadores en las personas con cáncer de pulmón es más alta que la frecuencia de fumadores en las personas que no tienen cáncer de pulmón. Esta es la decisión que he tomado, incluso es una decisión unilateral, porque estoy diciendo que en el grupo de las personas con cáncer de pulmón hay más fumadores que en el grupo de las personas que no tienen cáncer de pulmón. Esto es diferente a la interpretación.

La interpretación sería que el hábito de fumar es un factor de riesgo para el cáncer de pulmón. Entonces, la interpretación y la toma de decisiones son diferentes.

Si bien la interpretación parte del ritual de la significancia estadística, no es parte de su procedimiento, sino que se fundamenta en los resultados de la prueba de hipótesis que hemos realizado. Así, la interpretación no sale de la prueba de hipótesis sino más bien del propósito del estudio.

ACERCA DEL AUTOR

El Dr. José Supo es Médico Bioestadistico, Doctor en Salud Pública, director de www.bioestadístico.com y autor del libro "Seminarios de Investigación Científica".

Programas de entrenamiento desarrollados por el autor:

1. Análisis de Datos Aplicado a la Investigación Científica
2. Seminarios de Investigación para la Producción Científica
3. Validación de Instrumentos de Medición Documentales
4. Técnicas de Muestreo Estadístico en Investigación
5. Taller de tesis: Desarrollo del Proyecto e Informe Final
6. Análisis Multivariado - Diseños Experimentales
7. Análisis de Datos Categóricos y Regresiones Logísticas
8. Técnicas de análisis Predictivos y Modelos de Regresión
9. Control de Calidad: Análisis del Proceso, Resultado e Impacto
10. Minería de Datos para la Investigación Científica.
11. Entrenamiento para Tutores, Jurados y Asesores de tesis
12. Herramientas para la Redacción y Publicación Científica

MÁS SOBRE EL AUTOR

El Dr. José Supo es conferencista en métodos de investigación científica, entrenador en análisis de datos aplicados a la investigación científica y desarrolla talleres sobre los siguientes temas:

Libros y audiolibros publicados por el autor:

1. Cómo se hace una tesis
2. Cómo ser un tutor de tesis
3. Cómo asesorar una tesis
4. Cómo evaluar una tesis
5. El propósito de la investigación
6. Las variables analíticas
7. Cómo elegir una muestra
8. Cómo validar un instrumento
9. Cómo probar una hipótesis
10. Cómo se elige una prueba estadística
11. Validación de pruebas diagnósticas
12. Técnicas de recolección de datos

Made in the USA
Coppell, TX
16 October 2024